AF325109

LEÇONS

SUR

LA PROTECTION

ET LES

BONS TRAITEMENTS

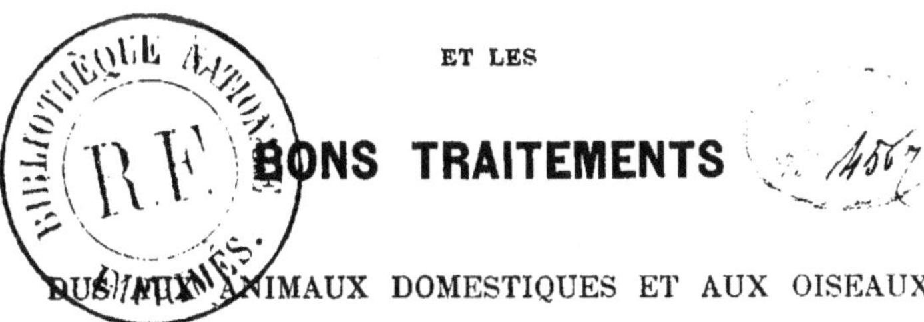

DUS AUX ANIMAUX DOMESTIQUES ET AUX OISEAUX

A L'USAGE

des classes d'adultes et des écoles primaires

PAR

JACQUES WEILL

INSTITUTEUR PUBLIC, MEMBRE DE LA SOCIÉTÉ PROTECTRICE DES ANIMAUX
ET DU COMICE AGRICOLE DE MULHOUSE, LAURÉAT AGRICOLE EN 1865, 1866, 1867 ET
1868, DEUX MÉDAILLES D'ARGENT, UN RAPPEL DE MÉDAILLE D'ARGENT,
DEUX MÉDAILLES DE BRONZE, DEUX MENTIONS HONORABLES

———

PRÉFACE

L'acœuil bienveillant qu'a eu notre méthode pour enseigner l'agriculture dans les écoles primaires, nous a décidé dans l'intérêt du maître et de l'élève, à publier les leçons sur la protection et les bons traitements dus aux animaux domestiques.

Des leçons de morale variées et assaisonnées de contes et d'historiettes, qui font impression sur les jeunes cœurs nous ont paru le plus propre à éveiller de bonne heure la compassion envers les animaux domestiques et les oiseaux que nous devons protéger et traiter par la douceur, et c'est aussi l'unique but vers lequel doit tenter notre petit travail.

Puisse-t-il, aider à l'éducation et à l'instruction de la jeunesse, puisse-il ouvrir aux enfants le chemin de l'humanité et nous serions bien dédommagé de nos peines.

Durmenach, Mai 1871.

L'auteur,

JACQUES WEILL
instituteur.

—

PREMIÈRE PARTIE

DES ANIMAUX DOMESTIQUES

PREMIÈRE LEÇON

Protection due aux Animaux domestiques.

Mes chers amis,

Dieu a donné à l'homme l'empire sur tous les êtres vivants ; mais il ne le lui a donné qu'à la condition que cet empire ne dégénérerait jamais en tyrannie et en cruauté, et qu'il ne serait exercé qu'avec mesure et sagesse. Quoique l'homme soit sa créature de prédilection, Dieu n'a point abandonné les autres à sa merci, il ne les a point livrées en victimes à ses instincts féroces. Il lui a seulement accordé de les employer à son utilité, de s'en aider dans les travaux qui dépasseraient ses forces ; mais il ne lui a point donné le droit de les maltraiter, de les tourmenter, de les faire souffrir à plaisir.

Combien de fois cependant n'arrive-t-il pas que l'homme rudoie, frappe, martyrise les animaux domestiques, ces précieux auxiliaires, toujours soumis à sa volonté, supportant avec lui les durs et longs travaux, le poids de la chaleur, les intempéries des saisons et devenant souvent les compagnons fidèles de ses plaisirs comme de ses fatigues ! Il n'est point arrêté par la pensée qu'ils sont de même que nous sensibles à la douleur et aux maux physiques ; il ne tient aucun compte des secours immenses qu'il en retire ! — L'homme se rend ainsi indigne des bienfaits de Dieu.

Ne supposez pas, mes amis, que l'homme nous paraisse excusable quand il décharge sa colère et sa méchanceté sur les animaux domestiques. Non : quelle que soit sa victime parmi ces êtres inoffensifs, nous le regardons toujours comme également coupable d'une grave offense et d'une noire ingratitude envers Dieu, qui a tout fait pour lui, et dont la paternelle sollicitude s'étend sur toutes ses créatures.

> Dieu laissa-t-il jamais ses enfants au besoin ?
> Aux petits des oiseaux il donne leur pâture,
> Et sa bonté s'étend sur toute la nature.
> RACINE, *Athalie*, acte II, scène VII.

Ces excès de cruauté, que je viens de vous signaler, mes amis, peuvent avoir de funestes conséquences et faire redouter un danger réel pour la société. Les penchants naturels de l'homme l'entraînent aisément du mal au pire ; et, lorsqu'il a pris la cruelle habitude de torturer de gaîté de cœur d'innocents animaux, il n'a pas un long chemin à parcourir pour en arriver à porter la main sur son semblable. Il fallait arrêter cette malheureuse tendance.

Pour mieux vous faire comprendre tout cela, je vais vous citer un exemple :

Le petit Thomas trouvait du plaisir à maltraiter les animaux. Il les frappait, les tourmentait, comme si les animaux ne sentaient pas la douleur aussi bien que les hommes. Il prenait des hannetons, les attachait à un fil et les faisait tourner autour d'un bâton, jusqu'à ce qu'ils tombassent abattus et épuisés.

Il perçait les grenouilles ; il battait son petit chien, le frappait rudement et n'écoutait pas les reproches que ses parents lui faisaient à cet égard.

Plus avancé en âge, il fit aux grands ce qu'il avait fait aux petits. Il maltraita les bœufs et les vaches qui se trouvaient dans l'étable de son père, se moqua de la force d'un taureau qui le blessa grièvement.

Mais il ne tourmentait pas seulement les animaux, il s'attaquait aussi aux hommes ; les domestiques surtout étaient l'objet de ses railleries. Thomas était malheureusement fils unique, et son père le traitait avec trop d'indulgence.

Bientôt celui-ci mourut, et son fils dut seul diriger la ferme. Mais il exerça son autorité d'une manière si dure et si impérieuse, que ses domestiques l'abandonnèrent et que tout le monde le fuyait.

Celui qui, dans la jeunesse, s'habitue à faire du mal aux animaux, finit par devenir insensible aux souffrances des hommes. Je pourrais vous multiplier ces exemples, je pourrais, par exemple, vous raconter l'histoire dc Jérôme qui a commencé par abattre les pattes aux poules et aux canards et finir sa vie aux galères; mais je pense que ce que j'ai dit suffit pour que vous ayez compassion des animaux domestiques, que vous ne les maltraitiez pas et que vous ne souffririez pas qu'on les maltraite.

IIme LEÇON

Protection due aux Animaux domestiques.

(Suite.)

Ceux qui sont cruels envers les animaux et qui, oubliant que ces êtres sentent et souffrent comme nous, les maltraitent sans utilité, devraient penser au moins qu'il faut ménager le serviteur dont on a besoin. J'ai toujours remarqué que les hommes qui traitent les animaux avec cruauté sont de méchantes gens. Celui qui voit sans peine souffrir un cheval ou un chien n'est pas éloigné d'être insensible aux souffrances de son semblable; et quand on s'accoutume à faire du mal aux animaux, on en fera bientôt aux hommes. Il y a des pays où la cruauté envers les animaux est considérée comme un délit et punie par les lois. Ceci me paraît fort sage. Je voudrais qu'un homme fût couvert de honte pour avoir maltraité sans nécessité un cheval ou un chien, de même que pour avoir frappé tout être plus faible que lui, qui ne sait ou ne peut pas se défendre.

Je vous ai dit qu'il y a des pays où la cruauté envers les animaux est punie par les lois. A l'appui de cela je vous cite l'Angleterre et la Suisse où ces lois sont établies, et vous devez vous rappeler qu'il y a un mois que le sieur Jacques Sch., marchand de bétail de notre village, a passé par Bâle en conduisant une vache. Cet animal, qui venait déjà de très-loin, ne lui allait pas assez vite, le conducteur prit son fouet et lui administra quelques coups qui, sans lui faire perdre sa fatigue, l'incommodèrent et ralentirent sa marche. Cette cruauté fut aperçue par un sergent de ville qui lui dressa un procès-verbal en bonne forme. La chose parut en justice et le sieur Jacques fut puni à cinq francs d'amende et aux dépens.

N'était-il pas juste? Je vous demande, mes amis, si vous aviez à conduire une vache ou tout autre animal fatigué, est-il humain et prudent de le martyriser outre mesure. L'animal n'est-il pas assez tourmenté de faire un long chemin quelquefois sans nourriture.

Voici un autre exemple que je viens de lire dans un ouvrage d'Edouard Charton (1) :

Hogarth (2), peintre anglais, a composé quatre dessins, où il a montré comment l'habitude de la cruauté envers les animaux peut conduire insensiblement à la cruauté envers les hommes et enfin au crime. Dans le premier de ces dessins, on voit des enfants qui garotent des chiens et des chats, qui tirent un coq à l'arbalète, qui percent l'œil à un oiseau, et qui paraissent beaucoup s'amuser de toutes ces souffrances ; un petit garçon sort d'une maison et s'élance dans la rue pour délivrer son chien que l'on torture ; il pleure, il supplie ces méchants enfants de mettre la pauvre bête en liberté, et il leur offre une belle tourte sucrée qu'il se disposait à manger de bon appétit ; mais les enfants le repoussent avec un vilain rire et continuent leurs horribles jeux.

Au second dessin, les enfants sont devenus hommes, mais ils continuent à être cruels envers les animaux. Un cocher frappe avec fureur, à coups de manche de fouet, un cheval qui est tombé et est embarrassé sous les brancards d'une voiture. Deux hommes, l'un très-grand, l'autre très-gros, sont montés sur un pauvre âne qui, en outre, est obligé de porter des demi-tonneaux en guise de paniers, et un coffre énorme ; un autre homme le frappe par derrière avec une fourche. Enfin, un paysan qui conduit un troupeau, assomme sur le pavé une brebis dont la fatigue avait ralenti la marche.

Les gravures de ces dessins ont été répandues dans toute l'Angleterre et ont produit une impression profonde dans l'esprit du peuple.

On raconte qu'un bourgeois de Londres, rencontrant un charretier qui battait son cheval avec colère, se précipita vers cet homme en s'écriant : « Que fais-tu là, malheureux, tu n'as donc pas vu les dessins d'Hogarth ? »

---

(1) Edouard Charton, rédacteur en chef du *Magasin pittoresque* et du *Tour du monde*.

(2) Hogarth Guillaume, peintre anglais, né à Londres en 1697, mort en 1764.

Aujourd'hui, personne ne se montrerait brutal envers des animaux dans les rues d'une ville anglaise, sans exciter aussitôt l'indignation et les murmures des passants.

Quelquefois c'est le mauvais exemple qui entraîne à faire le mal et à en rire : il faut obéir et savoir résister aux mouvements de la conscience.

Je me souviens qu'un jour, dans mon enfance, étant à la promenade avec des pensionnaires du collége de Sens, nous entrâmes tous dans un bois pour y chercher des nids d'oiseaux. On se sépara, et je cherchai de mon côté avec ardeur, car jamais je n'avais encore déniché un seul œuf ou un seul petit, et mes camarades se moquaient de ma maladresse. Après avoir battu le taillis pendant plus d'une heure, tout à coup, sur la branche d'un petit chêne, à trois pieds de terre, j'aperçois un beau nid de merles. Tout tremblant d'émotion, j'approche sans bruit, le cou et la main tendus en avant : la mère me voit, m'attend, et ne s'envole du nid que lorsque je touche à l'arbre. Il y avait trois œufs, et je m'apprêtais à les prendre ; mais en me retournant, je découvre la mère qui s'était perché à un peu de distance ; il me sembla qu'elle me suppliait en me regardant : mon cœur se serra pendant ces incertitudes. Le signal du départ se fit entendre à l'entrée du bois, je pris une ferme résolution, et je m'éloignai les mains vides, en disant à la mère, comme s'il lui eût été possible de m'entendre : « Reviens, reviens, je t'ai laissé tes œufs : tu retrouveras ta couvée. » Mes camarades avaient presque tous des nids et des oiseaux, et ils se moquaient de moi ; suivant leur habitude, ils répétaient : « Oh ! nous savions bien qu'il ne trouverait rien ! » Une mauvaise honte m'empêcha d'avouer le mouvement de compassion qui m'avait suivi ; mais j'étais content de moi, et je ne racontai mon aventure qu'à ma bonne mère, qui m'embrassa en pleurant de joie.

IIIme LEÇON

Protection due aux Animaux domestiques.

(Suite.)

Quelquefois on fait endurer un supplice plus douloureux et plus insupportable aux animaux domestiques que celui de l'aiguillon, du bâton et du fouet : c'est la faim.

Visitez, pendant l'hiver, les étables à bœufs. Elles offrent un triste spectacle. Elles sont, en général, mal tenues, malpropres, incommodes, insalubres ; presque partout vous n'y trouvez que des animaux amaigris, ayant la peau adhérente aux os, baissant languissamment la tête, pouvant à peine se tenir sur leurs membres.

D'où cela vient-il, mes amis?... De ce que les agriculteurs, propriétaires et métayers, dans la saison rigoureuse où le travail est suspendu, imposent à leur bétail un long jeûne, de dures privations, ne lui font manger que le moins bon fourrage, lui retranchent une bonne partie de la ration ordinaire, et ne lui donnent juste que ce qu'il faut pour l'empêcher de mourir.

Nous devons chercher autant que possible à combattre cette coutume barbare par des dispositions sévères ; notre œuvre demeure incomplète tant que nous ne chercherons pas à garantir les animaux domestiques de toutes souffrances provenant de l'homme : tant que nous ne ferons en sorte qu'ils aient en toute saison des étables convenables, une nourriture suffisante et saine, en un mot tout le confortable d'où dépendent leur bien-être et leur santé.

Dieu, en créant l'homme, a pourvu à ses besoins ; mais en créant l'animal il a également pourvu à ses besoins, et ce Père de bonté s'exprime en paroles très-compréhensibles comment l'animal doit avoir sa nourriture. « Voici, je vous ai donné toute herbe portant semence, « et qui est sur toute la terre ; et tout arbre qui a en soi « du fruit portant semence ; ce qui vous sera pour nour- « riture. Mais j'ai donné à toutes les bêtes de la terre, et « à tous les oiseaux des cieux, et à tout ce qui se meut « sur la terre, qui a vie en soi, toute herbe verte pour « manger. » (*Genèse,* chap. I, v. 29 et 30.)

Plus tard, nous raconte la Bible ; « lorsqu'Esaü alla « au-devant de Jacob et lorsque ces deux frères se « réconcilièrent ; celui-là dit à son frère : si tu veux nous « ferons route ensemble.

« ...... Jacob dit : Mon seigneur sait que les enfants « sont faibles, les bestiaux réclament aussi mes soins et « demandent à être ménagés : or, si je forçais la marche « d'un jour seulement, le menu bétail périrait. » (*Genèse,* chap. XXXIII, v. 13 et 14.)

Vous voyez, mes amis, que Dieu a pourvu à la nourriture des animaux et que les hommes des temps les plus reculés ont déjà cherché à ménager les animaux. Nous vivons dans un pays civilisé et nous sommes protégés par des lois sages, combien devons-nous avoir honte de maltraiter des animaux inoffensifs et dignes de la compassion humaine.

Même dans les dix commandements que Dieu a donnés aux Hébreux sur le mont Sinaï, il recommande surtout de faire reposer le bétail. « Le septième jour sera un « jour de repos, consacré à l'Eternel, tu ne feras aucun « ouvrage en ce jour, ni toi, ni ton fils, ni ta fille, ni ton « serviteur, ni ta servante, ni même ton bétail. » (*Exode*, chap. XX, v. 10.)

C'est principalement pour notre bien que Dieu a recommandé de faire reposer le bétail afin qu'il gagne en force, en santé. Si donc les lois protectrices de France ne punissent pas avec toute la sévérité les tourmenteurs d'animaux, nos livres saints devraient faire plus d'impression sur nos cœurs.

Quand même les animaux ne nous appartiennent pas, et nous les voyons égarés, n'importe où, ramenons-les à leur propriétaire ; si ce dernier nous était inconnu, prenons-les chez nous et soignons-les jusqu'à ce qu'on vienne les demander.

« Si tu vois le bœuf ou la brebis de ton frère égarés « dans les champs, ne détourne pas les yeux ; ramène « ces animaux à leur propriétaire. »

« Si ce propriétaire demeure loin de toi, ou si tu ne le « connais pas, retire ces animaux dans ta maison, et « garde-les jusqu'à ce qu'on vienne les réclamer. » (*Deutéronome*, chap. XXII, v. 1, 2.)

« Si tu vois l'âne et le bœuf de ton frère succomber « sous leur charge, ne détourne pas les yeux, ne refuse « pas ton assistance, aide ton frère à décharger l'animal « et à le relever. » (*Deutéronome*, chap. XXII, v. 4.)

« N'attelle pas un bœuf et un âne ensemble à une « charrue. » (*Deutéronome*, chap. XXII, v. 10.)

Nous déduisons de là qu'il ne faut jamais atteler ensemble deux espèces de bêtes de trait à la même voiture. L'humanité dicte cette loi.

Chaque animal a une force qui lui est propre, une allure qui lui est particulière ; obliger deux animaux d'espèce différente de traîner un seul et même fardeau, de marcher du même pas, c'est évidemment faire violence à la nature de l'un des deux, et notre loi nous défend de tourmenter les animaux.

Mes amis, ne refusez jamais aux animaux qui vous appartiennent les soins qui leur sont dus. A défaut de la loi des hommes, obéissez à la loi de Dieu. Sa bonté s'étend sur tout ce qui existe : il vous recommande de ménager ses créatures. Elevez-vous à sa ressemblance, soyez bons comme lui, soyez bons pour tous les êtres vivants, principalement pour ceux qu'il a formés à votre usage ; efforcez-vous de les rendre heureux et contents à leur manière ; c'est un devoir pour vous, que ce soit aussi une de vos jouissances.

Il y va d'ailleurs de votre intérêt : l'on gagne toujours à faire ce que Dieu ordonne.

IVme LEÇON

Protection due aux Animaux domestiques.

(Fin.)

Lorsque le printemps reparaît et que les champs vous réclament de nouveau, vous n'avez plus que des attelages épuisés, ruinés par le régime débilitant auquel vous les avez soumis. Ils ne marchent pas, ils se traînent péniblement ; la charrue est pour eux un pénible fardeau, ils sont incapables de l'enfoncer dans la terre, et le travail de la journée est pour ainsi dire nul. Tandis que si vous leur donniez la quantité d'aliments substantiels qu'exigent leur constitution et leur tempérament, vous trouveriez à la reprise du labourage, des attelages dispos et vigoureux qui creuseraient de profonds sillons et prépareraient en peu de temps vos guérets à recevoir les semences.

L'épargne sur la nourriture de ces animaux est un fort mauvais calcul : ce qu'on réserve d'un côté, on le perd vite et au-delà de l'autre. Que de dépenses ne faut-il pas pour réparer ces corps étiques et décharnés, pour les relever de leur abattement et de leur atonie ! Soyez convaincus, mes amis, que vous trouverez un très-grand avantage à les maintenir dans un état satisfaisant.

Dans tous les cas, je vous le répète, gardez-vous de traitements cruels envers les animaux domestiques, vous êtes averti que la loi vous menace et qu'elle peut vous atteindre.

Toutefois, je souhaite pouvoir attribuer votre modération à de plus nobles sentiments que celui de la crainte. D'abord au sentiment de votre dignité : les sévices envers des êtres sans défense sont une honte et une lâcheté; ils dégradent et ravalent ceux qui les commettent au-dessous des animaux ; puis au sentiment de vos devoirs envers vos familles et vos serviteurs : vous devez être leur guide et leur modèle : abstenez-vous de tout acte qui puisse faire germer dans leur esprit l'idée du mal.

Et ne traitez pas légèrement les habitudes de brutalité contractées dans votre enfance : de degré en degré, elles peuvent mener loin ; plus d'un criminel a ainsi débuté.

Apprenez donc à ceux que vous êtes chargés de surveiller et de diriger, que l'homme n'occupe la première place dans la création que pour protéger les êtres inférieurs, et non pour les faire souffrir.

Il y a aussi des personnes qui commettent quelquefois des excès de rigueur sur les animaux, et ils ont tort; pour vous le prouver je vous raconte l'histoire suivante :

M. Dalmon aperçut un jour son fils qui battait son chien de la manière la plus violente. Indigné d'une conduite si brutale, il voulut savoir de l'enfant pour quel crime il assommait ainsi ce pauvre chien. Il apprit que l'animal avait couru dans le jardin, qu'il avait laissé les traces de ses pattes dans les allées les mieux ratissées; qu'il avait en outre saccagé plusieurs laitues destinées à remplacer les feuilles de mûrier pour la nourriture des vers-à-soie.

M. Dalmon trouva que le fait ne méritait pas un châtiment aussi dur.

« Nous devons toujours avoir présent à l'esprit, dit-il à son fils, qu'en nous arrogeant le droit d'administrer la justice, nous devenons coupables nous-mêmes, si nous infligeons des punitions avec trop de rigueur ou sans une raison suffisante. Parce que nous avons reçu quelque offense d'une créature quelconque, nous n'avons pas pour cela le droit de lui faire tout le mal qui est en notre pouvoir. Parce que ce pauvre chien est entré dans ton jardin et y a fait quelque dégât, tu le bats de toutes tes forces? Cette conduite est-elle louable? Rappelle-toi qu'il t'est arrivé dernièrement d'être plus coupable que le chien, puisque tu t'es permis de grimper contre un mur. Si quelqu'un t'avait battu de toutes ses forces pour te punir de cette faute, aurais-tu pensé que cette personne eût raison? Tu aurais certainement trouvé le châtiment trop rigoureux. Je ne t'en dirai pas davantage, et me contenterai de te raconter une fable qui, j'espère, fera quelque impression sur ton esprit.

« Il y avait en Perse un jeune homme qui possédait un très-beau jardin. Tu as entendu dire que de toutes les fleurs, la rose est celle que les Persans et les autres peuples de l'Asie aiment le mieux. Cette belle fleur est sans cesse l'objet de leur admiration, et ils la célèbrent souvent dans leurs compositions poétiques. Le rossignol, leur oiseau favori, aime beaucoup la rose, mais c'est à peu près de la même manière que les garçons et les petites filles l'aiment, c'est-à-dire pour la déchirer et pour l'effeuiller.

« Comme le rossignol se conduit en cela à peu près comme toi, je n'imagine pas que tu le juges coupable d'un très-grand crime. Le jeune Persan fut d'un tout autre avis. Dans le délicieux jardin dont je t'ai parlé, jardin orné de mille et mille fleurs, planté des plus beaux arbres et égayé par le chant des rossignols, il y avait surtout un rosier dont les fleurs étaient d'un parfum et d'une beauté rares; tous les matins les roses s'épanouissaient sur la cime de l'arbuste. Un jour que le jeune homme, qui les aimait passionnément, venait à son ordinaire admirer son rosier, il vit un rossignol déchiquetant les plus belles roses; leurs feuilles étaient éparses sur le sol. Il fut très en colère contre le rossignol. Le lendemain, quand il revint, il aperçut encore le rossignol becquetant les fleurs. Le troisième jour, il ne restait plus à l'arbuste que les feuilles. Courroucé contre l'oiseau, le jeune homme tendit un piége, prit l'oiseau et le mit en cage.

« Le pauvre rossignol captif ouvrit le bec et s'adressa en ces termes à son tyran :

« Ah! aimable adolescent, pourquoi m'as-tu privé de ma liberté? Veux-tu me rendre malheureux? Si c'est pour jouir de mon chant que tu m'as si cruellement emprisonné, tu te trompes, car maintenant que me voilà en cage, je ne chanterai plus. Rends-moi donc la liberté et viens le soir te promener dans ton jardin; c'est là le théâtre de mes concerts. Si c'est pour un autre motif que tu me rends esclave, dis-le moi, je t'en conjure.

« — Ne sais-tu pas, répondit le jeune homme, quel

chagrin tu m'as causé en détruisant mes belles roses?
J'ai voulu te priver de ta liberté, et je te laisserai triste-
ment languir dans le fond d'une prison, tant que je pleu-
rerai la perte de mes fleurs favorites.

« — Abjure cette cruelle résolution, et considère
quelle punition tu mériterais, toi, pour me faire mourir
de douleur, puisque tu m'emprisonnes pour avoir détruit
quelques roses. »

Ce discours toucha le jeune Persan, il rendit la liberté
au rossignol.

« Tu vois donc, mon fils, ajouta le père, après avoir
fini son histoire, que nous devons contenir notre cour-
roux dans de justes limites et ne jamais pousser la
rigueur, à maltraiter, à torturer et à tyranniser de pauvres animaux qui ne savent pas ce qui est bien ou mal,
mais qui nous rendent d'immenses services.

Vme LEÇON

Le Bœuf et la Vache.

Mes amis, dans mes précédentes leçons, je vous ai
fait connaître en quelques mots comment on doit protéger les animaux domestiques en général, je tâcherais, à
présent, autant que possible, à vous indiquer leur utilité et la manière de traiter chaque animal en particulier.

Le bœuf et la vache qui nourissent l'homme, l'un de
sa chair excellente, l'autre de son lait, doivent être
placés au premier rang des animaux domestiques, les
meilleurs, les plus utiles et les plus précieux. Partout où
le bœuf manque, l'agriculture est pauvre et sans espoir
d'amélioration. C'est sur lui que roulent tous les travaux
de la campagne, il est le domestique le plus utile de la
ferme, le soutien du ménage champêtre. Le bœuf ne
convient pas autant que le cheval et l'âne pour porter
des fardeaux ; la forme de son dos et de ses reins le dé-
montre ; mais la grosseur de son cou et la largeur de
ses épaules indiquent assez qu'il est propre à tirer et à
porter le joug. Il semble avoir été fait pour la charrue ;
la masse de son corps, la lenteur de ses mouvements,
sa tranquillité et sa patience dans le travail, tout semble
concourir a le rendre propre à la culture des champs.

Je pourrais vous indiquer son utilité après la mort ; mais je me borne seulement à vous énumérer en quelques mots les principaux services qu'il nous rend, pour revenir au sujet qui nous occupe.

Pour dresser un bœuf à l'obéissance, il faut s'y prendre de bonne heure, sans cela on ne parviendra jamais à le faire porter le joug et à le conduire aisément. La patience, la douceur et même les caresses sont les seuls moyens qu'il faut employer ; la force et les mauvais traitements ne serviraient qu'à le rebuter pour toujours.

Beaucoup d'engraisseurs et de laboureurs croient avoir tout fait, s'ils donnent à leurs bœufs une nourriture abondante, convenable et appropriée aux races de diverses localités.

Eh bien, mes amis, ce n'est pas assez de bien nourrir les bœufs que l'on veut engraisser ; il y a d'autres soins qu'on ne saurait négliger, sous peine de perdre le résultat le plus précieux de ses sacrifices. Ces soins consistent selon nous, à surveiller le pansage des bœufs.

Nier que le pansage des bœufs à l'angrais dans les étables soit tout aussi nécessaire que celui des chevaux, c'est fermer les yeux à l'évidence. Vous devez savoir que, chez les bœufs comme chez les chevaux, la peau est souvent envahie, par des insectes, soit par des résidus de la sueur, soit par mille corps étrangers qui s'y entassent et produisent une sorte de fermentation. En très-peu de temps la couche devient si épaisse, que la transpiration se trouve interceptée, à tel point qu'il survient des maladies de sang, des dartres, et que l'appareil respiratoire, dangereusement lésé, fonctionne mal.

La propreté à la surface du corps, entretient chez tous les animaux la force et la santé.

Rappelez-vous aussi, combien il est important qu'au printemps surtout, le bœuf et la vache soient bien soignés. La transition d'une alimentation sèche à une alimentation verte leur est souvent funeste quand elle n'est pas faite avec précaution.

Le meilleur moyen d'habituer peu à peu le bétail au régime vert, consiste à mêler à sa ration de foin ou de regain sec des proportions de plus en plus grandes d'herbe tendre de la première saison, jusqu'à ce qu'on puisse supprimer complètement le fourrage sec pour ne donner que du fourrage vert. L'usage des boissons fari-

neuses, composées pour chaque tête de bétail, de trois
à quatre litres de son mélangé à dix litres d'eau environ,
doit être recommandé partout, parce que ces boissons
sont très-rafraîchissantes et entretiennent la santé des
animaux.

Le produit de la vache est un bien qui croît et se re-
nouvelle à chaque instant ; son lait est aussi bon qu'a-
bondant ; le beurre qu'on fait avec ce lait est l'assaison-
nement de la plupart de nos mets ; le fromage est une
ressource précieuse pour les habitants de la campagne.
Une bonne vache donne en moyenne huit ou dix litres
de lait par jour. La chair du veau qui est le petit de la
vache est une nourriture saine et délicate. On peut aussi
faire servir la vache à la charrue ; et quoiqu'elle ne soit
pas aussi forte que le bœuf, elle ne laisse pas de le remplacer souvent et de rendre d'utiles services.

Ces deux animaux dont je viens de vous parler ne
sont ni aussi lourds, ni aussi mal faits qu'ils se montrent
au premier coup d'œil. Naturellement doux, ils obéissent
à la voix de leur maître, quand celui-ci les traite avec
bonté et qu'il n'exige rien au-delà de ce qu'ils peuvent
faire.

VIme LEÇON

Le Cheval.

Le cheval est peut-être l'animal que l'éducation a le
plus développé et ennobli. De tous les animaux domestiques, le cheval est celui qui nous rend le plus de services et qui nous les rend le plus volontiers. Il cultive
nos terres, transporte nos denrées, se soumet volontiers
à toutes sortes de travaux pour une nourriture médiocre
et frugale ; il partage avec nous les plaisirs de la chasse
et les dangers de la guerre. Il exécute la volonté de son
maître au moindre signe, le sert de toutes ses forces et
quelquefois meurt pour mieux obéir. La Providence a
donné au cheval un penchant à aimer et à craindre
l'homme et l'a fait très-sensible aux caresses qui peuvent
lui rendre sa domesticité agréable. De tous les animaux
il est celui qui, avec sa grande taille, a le plus de pro-
portion dans les parties de son corps. Tout en lui est
régulier et élégant.

Sa tête, si agréablement située, lui donne un air vif et

léger, relevé encore par la beauté de son encolure. Son maintien est noble ; sa démarche est majestueuse, et tous ses membres semblent annoncer du feu, de la force, du courage et de la fierté. Quoique sa peau soit très-ferme et qu'elle soit garnie partout d'un poil épais et serré, elle est cependant fort sensible ; aussi sa queue, qu'il peut mouvoir de côté, lui est-elle très-utile pour chasser les mouches qui l'incommodent. La durée de la vie des chevaux est, comme dans toutes les autres espèces d'animaux, proportionnée à la durée du temps de leur accroissement. Le cheval, dont l'accroissement se fait en quatre ans, peut vivre six ou sept fois autant, c'est-à-dire vingt-cinq ou trente ans.

Le cheval dort beaucoup moins que l'homme : lorsqu'il se porte bien, il ne demeure que deux ou trois heures de suite couché ; il se relève ensuite pour manger ; et, lorsqu'il a été trop fatigué, il se couche une seconde fois après avoir mangé.

Le cheval mâle s'appelle étalon. Le cheval femelle se nomme jument. Le jeune cheval s'appelle poulain jusqu'à l'âge de trois ans.

Mais il est pénible d'ajouter que la condition que l'homme a faite aux animaux qui vivent sous sa dépendance et qui sont ses auxiliaires en tout est affreuse. Le cheval est sujet à de graves accidents et à de nombreuses maladies. Le cheval surtout, noble et intelligente bête, trop souvent livrée aux mains d'un maître dur et grossier, n'abrège-t-il pas sa vie dans le travail, les privations et la souffrance ? Y a-t-il de l'exagération à dire que sa vieillesse est un martyre ? N'est-ce pas lui, ce pauvre animal, qui pourrait avec raison reprocher à l'homme son ingratitude, lorsqu'après l'avoir bien servi et qu'à bout de ses forces, épuisé, amaigri, il le livre à l'équarrisseur, ou le laisse misérablement périr sur son fumier ?

C'est par de bons traitements qu'on le rendra propre aux services qu'on exige de lui. Autant un travail modéré dans le jeune âge est fait pour augmenter et soutenir ses forces, autant un travail excessif est capable de l'affaiblir pour toujours. Arrivé à l'écurie après le travail, le cheval doit trouver une épaisse litière. Il est utile de le bouchonner pour essuyer la sueur qui couvre sa peau et enlever la boue qui est attachée à ses membres. Les aliments ordinaires du cheval sont : la paille, le foin des prairies naturelles et artificielles et l'avoine. Les plantes légumineuses, en paille ou en grain, les racines fourragères, telles que les navets, les carottes, les betteraves doivent être données avec ménagement. La ration des aliments varie selon l'âge et la taille du cheval, selon le travail auquel il est soumis ; mais il recevra toujours une ration d'autant plns forte qu'il travaillera davantage ; c'est le seul moyen de réparer ses forces et de le maintenir en bonne santé.

L'eau de pluie ou l'eau courante est la meilleure boisson pour les animaux. Les eaux légères de fontaine et de puits sont bonnes ; mais celles qui sont crues et très-froides sont mauvaises. Les eaux noirâtres et verdâtres des mares desséchées en grandes partie pendant l'été, sont toujours nuisibles à la santé des animaux. Les chevaux doivent être généralement abreuvés deux fois par jour en hiver et trois fois en été. Les logements des animaux doivent être convenablement aérés ; il faut de plus que, dans les écuries l'espace affecté à chaque animal soit suffisant pour que tous puissent se coucher à la fois et étendre librement leurs membres.

VIIme LEÇON

L'âne.

L'âne ne semble être au premier abord qu'un cheval de petite taille ; mais si on l'examine avec plus d'attention, on remarque qu'il en diffère encore par la grosseur de la tête, la longueur des oreilles, la dureté de la peau, la queue dont l'extrémité seule est garnie d'une touffe de crins, ainsi que par la voix, la manière de boire, etc. Sa couleur varie du gris au brun-rouge, et quelquefois il est presque blanc, il a une raie noir sur le dos, avec une bande en croix de même couleur sur l'épaule.

Chacun des animaux que Dieu a créés pour nous servir, a reçu des qualités qui le rendent précieux ; et quelque dédaigné que soit l'âne, il ne laisse pas de nous être très-utile.

L'âne est générablement trop méconnu et trop méprisé. L'âne est têtu, dit-on : voilà le plus grand grief qu'on élève contre lui ! Quel animal ne l'est-pas ? Ne le sommes-nous pas nous-mêmes ? Cédons-nous, sans résistance, aux meilleurs avis, aux plus sages conseils, aux plus justes représentations ?

On accuse l'âne de stupidité. Plus d'humiliante comparaison ! ...... La vérité est qu'il l'emporte sur tous les autres animaux par l'instinct et l'aptitude : si bien que notre illustre Chateaubriand, qui était compétent en cette matière, lui a, dans son itinéraire de Paris à Jérusalem, décerné un brevet d'intelligence. L'âne, de tout ce qui les composait en hommes et en bêtes, savait seul remettre dans le vrai et bon chemin, les caravanes égarées.

Par combien d'ailleurs, d'inappréciables qualités et de nombreux services, l'âne ne rachète-il pas les défauts dont on le dote si gratuitement ; il vit de peu ; s'accomode de tout, travaille tant qu'on veut et à ce qu'on veut ; s'il trouve, ce qui est rare, un maître qui daigne le bien soigner, il le reconnaît et s'attache à lui ; il est la ressource de la petite propriété, du petit commerce, des petites industries ; il aide le mendiant estropié à chercher son pain de maison en maison ! on le rencontre parfois chargé de toute une famille de malheureux ; il devient, à l'occasion, une agréable sûre et salutaire monture de promenade ; il porte dans son sang et prodigue à l'humanité souffrante un remède efficace contre une infinité de maladies.

Et c'est ce pauvre animal surtout que l'homme accable de coups et de misère, qu'il assomme sans pitié.

On reproche encore à l'âne d'être entêté, indocile et parfois plein de malice. Mais ces défauts de caractère ne sont-ils pas une conséquence de l'abandon auquel il est trop souvent condamné et des mauvais traitements qu'on lui fait subir ? L'expérience prouve qu'avec des procédés plus doux, de la patience, des ménagements, une meilleure nourriture et des soins aussi bien entendus que ceux qui sont accordés aux chevaux, les ânes perdraient cette raideur de caractère et cet entêtement opiniâtre qui accompagnent toute éducation négligée.

VIIIme LEÇON

Le Mouton et la Brebis.

Il est peu d'animaux, mes chers amis, qui soient aussi délicats que les moutons, ils souffrent également du froid, du chaud et de l'humidité ; ils ne peuvent supporter la fatigue et la moindre course un peu hâtée les essouffle ; enfin ils sont sujets à la folie. C'est du moins le mot dont les naturalistes se servent pour désigner les vertiges, les étourdissements auxquels les moutons ne sont que trop sujets. Vous seriez étonnés si je vous disais tous les maux dont ils sont atteints et que le manque de propreté dans les bergeries augmente d'une manière effrayante.

Les soins qu'on prend des moutons en général, sont partout intéressés. Du moment qu'ils n'ont pas été tenus proprement ; la laine qu'ils donnent reçoit difficilement la teinture ; elle est grosse, rude, frisée ; tandis qu'on n'estime que les laines douces, blanches, longues et fines comme celles des mérinos.

Pour obtenir les laines de belle qualité, on habille les moutons. Ainsi les belles laines qui viennent de Saxe, et qu'on appelle laines électorales, proviennent de la toison des moutons auxquelles on met, été comme hiver, un surtout de toile. Cette couverture a pour objet de préserver les toisons des impressions de l'air, et pour but d'obtenir des laines de la plus grande beauté.

Le mouton et la brebis sont de tous les animaux domestiques les plus faibles et les plus timides ; ce sont ceux qui ont le moins de ressource et d'instinct. Ils sont conduits au pâturage par un berger et surveillés par un chien commis à leur garde pour les défendre, les diriger, les séparer, les rassembler et leur communiquer les mouvements qui leur manquent. On peut mettre un troupeau de cent brebis ou moutons sous la conduite d'un seul berger ; s'il est vigilant et aidé d'un bon chien, il en perdra peu. Il doit les précéder lorsqu'il les conduit aux champs, et les accoutumer à entendre sa voix, à le suivre sans s'arrêter et sans s'écarter dans les blés, dans les vignes, dans les bois et dans les terres cultivées où ils ne manqueraient pas de causer du dégât. Les côteaux et les plaines élevées au-dessus des collines sont les lieux qui leur conviennent le mieux : on évite de les mener paître dans les endroits bas, humides et marécageux.

Le mouton et la brebis, si faibles, si chétifs en eux-mêmes, sont cependant pour l'homme aussi utiles que précieux. Seuls, ils peuvent suffire aux besoins de première nécessité ; ils fournissent tout à la fois de quoi se nourrir et se vêtir, sans compter les avantages particuliers que l'on sait tirer du suif, du lait, de la peau de ces animaux, auxquels il semble que la nature n'ait, pour ainsi dire rien accordé en propre, rien donné que pour le rendre à l'homme. En effet, la chair du mouton est excellente, et remplace avantageusement celle du bœuf dans les contrées ou l'insuffisance des prairies ne permet pas d'élever beaucoup de gros bétail. La brebis donne un bon lait qui, comme celui de la vache, peut se consommer en nature ou servir à faire du beurre ou principalement du fromage. Les agneaux, qui sont les petits des brebis, sont élevés pour repeupler le troupeau, ou livrés à la boucherie lorsqu'ils ont atteint l'âge de trois à quatre mois. C'est une fort triste loi.

Quant aux engrais, l'agriculture trouve des avantages dans le parcage. On appelle ainsi la méthode de fumer le terrain en y faisant passer la nuit à des moutons qu'on enferme dans une enceinte mobile de claies. On donne à l'enceinte du parc des dimensions telles que chaque bête n'ait qu'un mètre carré d'espace, surface qu'un mouton peut fumer dans une nuit.

Enfin les bêtes à laine donnent encore des produits d'une utilité générale. La peau des moutons peut être préparée pour en faire une espèce de cuir ; leur graisse est le suif, qui sert à faire des chandelles ; enfin leur poil est la laine, dont se composent la plupart de nos vêtements. C'est, tous les ans, et ordinairement au mois de mai, que les moutons et les brebis sont tondus après avoir été bien lavés, afin que la laine soit aussi nette qu'elle peut l'être.

IXme LEÇON

La Chèvre, le Cochon domestique.

La chèvre est un animal vif et capricieux ; ce n'est qu'avec peine qu'on la conduit et qu'on peut la réduire en troupeau ; elle aime à s'écarter dans les solitudes, à grimper sur les lieux escarpés. Cependant elle est nourrie à l'état de domesticité ; à cause des ressources qu'elle procure à l'homme. La chèvre fournit du lait comme la brebis, et même en plus grande abondance ; ce lait se consomme en nature, ou bien il est converti en fromage. Son poil, quoique plus rude que la laine, sert à faire de très-bonnes étoffes ; sa peau vaut mieux que celle du mouton ; ses cornes peuvent être travaillées comme celles du bœuf. La chèvre ne demande pas autant de soins que la plupart des autres animaux domestiques ; elle est robuste, aisée à nourrir ; presque toutes les herbes lui sont bonnes, et il y en a fort peu qui l'incommodent.

Le porc ou cochon domestique est un des animaux les plus utiles : aucune partie n'en est rejetée. Tant que la saison le permet, on peut envoyer les porcs chercher leur nourriture dans les bois, les marais, les terrains vagues et incultes. Ils y vivent de glands, de faînes, d'herbages et de racines ; ils donnent une chasse active aux sauterelles, aux hannetons, aux lézards, aux serpents, et ils mangent avec délice les escargots, les rats, les taupes, les mulots. Rentrés à la porcherie dans la mauvaise saison, les cochons sont nourris de racines, de pommes de terre, de carottes, de navets ; les racines doivent être cuites ou trempées. Ils s'accommodent volontiers des aliments fermentés et aigris. Les résidus du ménage, les eaux grasses, les débris de légumes, les mauvais fruits du verger, tout leur est bon ; mais quels que soient les aliments qu'on leur donne, ils doivent toujours être ramollis ou mélangés d'une assez grande quantité de liquide. On n'attend pas que le cochon soit âgé pour l'engraisser ; plus il vieillit plus cela est difficile. L'âge pour l'engraissement varie de six mois à deux ans. La femelle du porc s'appelle truie. Le porc sauvage est nommé sanglier, sa femelle est la laie, et ses petits sont des marcassins.

Aux animaux domestiques dont il vient d'être question on peut encore ajouter les lapins, qui donnent des produits assez importants : la peau et les poils du lapin servent à divers usages dans l'industrie.

DEUXIÈME PARTIE

—

DES OISEAUX DE BASSE-COUR

Xme LEÇON

Le Coq et les Poules.

On appelle oiseaux de basse-cour ceux qu'on élève, qu'on nourrit comme des animaux domestiques, pour retirer le profit qu'ils peuvent donner. Parmi ces oiseaux il faut remarquer principalement le coq et la poule, le dindon et la dinde, l'oie, le canard et le pigeon.

Le coq est l'emblême de la vigilance et donne aux enfants ainsi qu'aux hommes l'exemple de cette précieuse qualité. Il fait entendre son chant avant l'aurore, comme pour nous avertir que le soleil va paraître et qu'il est temps de s'arracher au sommeil pour commencer les travaux de la journée. Aussi les paresseux n'aiment-ils point à l'avoir trop près d'eux, et les habitants de l'ancienne ville de Sybaris, en Italie, renommés par leur goût pour le plaisir et la mollesse, avaient éloigné de leur ville tous les coqs, afin que leur chant ne troublât pas le sommeil ; c'était stupide et cruel à la fois.

On a profité de la violente antipathie que ces animaux ont les uns pour les autres, pour les provoquer à des combats, qui ne se terminent que par la mort du vaincu. C'est un spectacle sauvage et barbare qui a fait dans l'antiquité, et fait encore de nos jours les délices des nations les plus civilisées de la terre, surtout des Anglais, des Chinois et des Indiens.

Le coq et la poule dont les petits sont appelés poussins et poulets, vivent ordinairement en liberté dans la basse-cour, grattant la terre et le fumier pour y chercher leur nourriture. Indépendamment de ce qu'ils peuvent trouver de graines, de verdure, d'insectes, de vers, on leur distribue matin et soir une provende ; c'est ordinairement leur bouilli ; de l'orge moulue ou à demi cuite, une ration de grains plus ou moins considérable. L'habitation qu'on leur prépare s'appelle poulailler : elle est garnie de bâtons ou juchoirs, sur lesquels ils se perchent pour dormir, et de nids, dans lesquels les poules pondent leurs œufs. Un poulailler doit être tenu très-proprement, à l'abri de l'humidité et de l'attaque de certains animaux carnassiers, tels que les renards, les putois, les fouines.

Les poules pondent à peu près toute l'année, excepté en octobre et en novembre, époque du changement de leur plumage, et moins en hiver. On obtient plus de produits en nourrissant les poules, mais bien, avec du sarrasin et du chénevis, et il faut beaucoup de soins pour obtenir qu'elles pondent avec régularité. On estime qu'une poule peut donner en moyenne 80 ou 90 œufs par an. Lorsqu'elle veut couver elle cesse de pondre et glousse d'une manière particulière.

Une poule peut couver de douze à quinze œufs ; elle reste constamment couchée sur ses œufs et ne se dérange que pour prendre la nourriture qui lui est absolument nécessaire. L'incubation dure vingt et un jours ; les œufs qui sont placés au centre, recevant plus de chaleur, devraient éclore les premiers, mais la poule a l'instinct de les changer fréquemment de place.

On donne aux poussins qui viennent de naître une pâtée composée de mie de pain ou de farine et d'œufs durs hachés, et surtout du millet ; du reste, ils mangent bientôt seuls sous la conduite de leur mère. De tous les oiseaux domestiques, les poules sont ceux qui donnent la meilleure chair et les œufs les plus recherchés. On estime qu'une ferme de 100 hectares, en bonne terre, peut entretenir 300 poules, avec lesquelles on obtiendra 24,000 œufs et plus de 240 bêtes grasses.

XIme LEÇON

Le Dindon, l'Oie, le Canard, le Pigeon.

Les dindons sont faciles à distinguer à la peau nue et ridée qui recouvre leur tête et le haut de leur cou. Sous la gorge et sur le front du mâle sont placés deux appendices charnus, susceptibles de s'enfler et de s'allonger dans les moments de passion. Leur queue large et arrondie, se relève comme celle du paon, et s'étale en éventail. La couleur rouge excite surtout leur colère, et ils attaquent à coups de bec la personne qui la porte.

Le dindon et la dinde sont les plus gros de tous les oiseaux domestiques. Originaires de l'Amérique, ils sont connus aussi sous le nom de coq et de poule d'Inde. Dans les campagnes, ces oiseaux sont conduits par troupes nombreuses sur les chaumes, dans les vergers, où ils cherchent leur nourriture ; il est quelquefois avantageux de leur distribuer une provende comme aux poules. La pomme de terre cuite, le gland, la châtaigne, la noix et quelques farines de peu de valeur sont pour eux des aliments exquis, et servent à leur engraissement.

L'éducation des jeunes dindons est plus difficile, mais plus profitable que celle d'aucun autre oiseau domestique. Le plus ordinairement la dinde ne pond qu'à deux époques, au printemps et à l'automne. La ponte du printemps est la plus importante ; elle est de 20 à 25 œufs. La dinde se cache avec plus de soin pour pondre que la poule, de sorte que souvent ses œufs sont perdus. Les dindes sont les meilleures couveuses des basses-cours. Il y en a à qui l'on doit apporter de la nourriture, et surtout de l'eau, tant elles persistent à ne pas quitter les œufs. On les emploie aussi pour couver les œufs de la poule. Les dindonneaux, faibles et délicats dans le premier âge, deviennent, avec le temps, robustes et capables de supporter les intempéries des saisons : ils aiment à se percher en plein air et passent ainsi les nuits les plus froides de l'hiver.

L'oie et le canard sont des oiseaux nageurs ; cependant le canard n'est pas aussi gros que l'oie. On mange les œufs de cette dernière, qui sont moins bons que ceux de la poule et qui, pour cette raison, sont moins recherchés. Sa chair est bonne, mais peu saine et difficile à digérer ; elle ne convient point surtout aux personnes sédentaires. Son foie passe pour un mets exquis. Mais la véritable richesse que nous procure l'oie, est un duvet aussi doux que chaud. On enlève à l'oie ce précieux duvet deux fois par an, au printemps et en automne.

Pour bien les élever et en tirer tous les avantages qu'elles nous offrent, il faut les tenir dans le voisinage des eaux et leur faire paître l'herbe nouvelle.

Le canard et l'oie se plaisent près des mares et des ruisseaux, même quand l'eau en est bourbeuse ; ils y cherchent les vers et les insectes, dont ils sont très-friands. Les oies menées en pâturage dans les prairies y détruisent les bonnes herbes; on leur livre les terrains vagues et incultes. On les engraisse avec des farineux détrempés dans du lait et qu'on leur donne à discrétion ou bien avec du blé de Turquie détrempé dans l'eau et mêlé d'un peu d'huile. Outre leur chair, qui est bonne, elles fournissent une graisse abondante et de bon goût et des plumes très-estimées.

Les pigeons ont les mœurs douces et familières, et s'accoutument parfaitement à la vie domestique. Ils sont extrèmement voraces et se nourrissent de froment, de sarrasin, d'orge, de vesces, de pois, de lentilles et de chénevis; ils vont chercher pendant l'été leur nourriture dans les champs, où ils commettent quelquefois beaucoup de dégâts, en retirant à la terre les grains qu'on lui a confiés; mais pendant l'hiver il faut les nourrir, car ces animaux dans leur état naturel, n'habitent nos climats que pendant la belle saison.

TROISIÈME PARTIE

XIIme LEÇON

Des Oiseaux en général.

Sans les oiseaux, aucune agriculture, aucune végétation ne serait possible. Ils font une besogne qu'un million de mains ne pourraient exécuter. Ceci se montre surtout dans les dévastations commises par les insectes des bois. Souvent des commissions se sont formées pour leur faire la guerre; on a envoyé contre eux des centaines de personnes; on a creusé des fossés, mis des cochons à leur poursuite; mais tous les moyens ont été complétement inutiles ou insuffisants pour empêcher la dévastation. Ce que les hommes ne pouvaient faire, quelques douzaines d'oiseaux l'ont exécuté !

La plupart des petits oiseaux se nourrissent, soit durant toute l'année, soit pendant une partie, surtout au temps de la ponte et des petits, d'insectes, de vers, de chenilles, de limaces, d'araignées, etc. Parmi les oiseaux utiles, on peut nommer les fauvettes, les grives, les étourneaux, les gobe-mouches, les merles dorés, les fauvettes des roseaux, les bergeronnettes, les roitelets, les mésanges, les alouettes, les pinsons, les moineaux, les hirondelles, les grimpereaux, les pics des murailles, les rouges-queues, les rouges-gorges, etc. Tous ces oiseaux détruisent des milliards d'insectes et de petits animaux nuisibles.

Puisque les oiseaux sont utiles, les habitants des campagnes devraient veiller à ce que ces petits compagnons de leurs travaux trouvassent parmi eux protection et hospitalité et nous les recommanderons tout particulièrement aux petits garçons, tant pour leur préparer des creux où ils puissent nicher que pour les laisser tranquillement bâtir leurs nids et élever leur couvée. Rien de plus touchant que la sollicitude d'un couple de petits oiseaux pour sa nichée; gardez-vous donc, mes chers amis, de jeter la désolation au milieu d'une de ces aimables familles, de détruire ce qu'elle a construit avec tant de soins, et de lui ravir les objets de son affection, ses œufs ou ses petits.

Chaque agriculteur prudent devrait veiller à ce que les hirondelles, les pinsons, les mésanges, les rouges-queues, trouvent une habitation sous son toit ou dans son verger. Autrefois on ne construisait point de maison dans les campagnes sans réserver une place et une entrée pour les hirondelles, et celles-ci étaient reçues comme des messagères de bonnes nouvelles; aujourd'hui la civilisation leur fait la guerre au nom de la propreté et des règles de l'architecture.

En Allemagne il y a des endroits où l'on fixe sur les arbres des boîtes dans lesquelles ces petits destructeurs d'insectes peuvent faire leurs nids; elles sont très-répandues dans les écoles d'agriculture, dans les parcs, et chaque année, par les soins des instituteurs et des propriétaires clairvoyants, on en pose des milliers; car on a reconnu qu'aucun capital ne rapporte un si grand intérêt que les dépenses faites pour ces petits établissements.

Nous avons vu, dans le canton de Fribourg (Suisse), de ces boîtes sur les arbres des vergers; cela prouve en faveur du bon sens des habitants de de canton, et nous aimerions qu'ils trouvassent des imitateurs.

Espérons que cette leçon en suscitera quelques-uns et que plus d'un oiseau lui devra la tranquillité et la vie.

XIIIme LEÇON

Des Oiseaux en général.

(Suite et fin.)

Mes chers amis, je suis fermement convaincu que la plupart des oiseaux communs, par la guerre qu'ils font aux vers, aux chenilles, etc., pendant au moins neuf mois de l'année, nous indemnisent amplement du dommage qu'ils nous causent en mangeant nos cerises et nos grains pendant trois mois. L'agriculteur se persuadera difficilement, je le sais, que les pigeons-ramiers et autres soient pour lui des amis utiles, quand il les verra groupés près de son blé, sur la vente duquel il compte pour avoir de l'argent comptant. Sans aucun doute, les oiseaux mangent une quantité considérable de semences; de nombreuses bandes de pinsons recherchent avidement les graines mal enterrées; les canards eux-mêmes viennent enlever ce qui reste dans les sillons, tout cela est vrai; mais, si l'agriculteur examinait les jabots de ces oiseaux, il se convaincrait qu'ils sont loin de lui causer le dommage qu'il suppose.

Le jardinier doit aussi de la reconnaissance aux grives et aux merles, dont la grande affaire est, en automne, de retourner les feuilles mortes sous les murs du jardin et au pied des haies, pour trouver et détruire les limaces.

L'activité que la jolie petite mésange bleue met à détruire les mouches, ainsi qu'une foule d'autres insectes nuisibles, mérite bien assurément que nous lui accordions quelque protection.

La chouette est amie bien plus qu'ennemie de l'homme; elle ne fait que fort peu de mal au gibier, et ce qu'elle détruit de rats et de souris est, au contraire, incalculable; elle rend donc d'immenses services au jardinier, à l'agriculteur et au planteur de forêts.

Mes amis, lorsque vous verrez un nid, gardez-vous de le déranger et encore plus de le détruire. Que votre intelligence et votre bon cœur vous gardent d'y porter la main; ne vous laissez pas tenter par le mauvais désir de vous en emparer et de priver ces pauvres oiseaux de leur innocent bonheur.

Ne détruisez point les petits oiseaux. Vous croyez, en le faisant, ne causer aucun mal, et c'est un de vos plus grands plaisirs, au printemps, d'aller fouiller les buissons, de grimper sur les arbres pour prendre les nids. Vous ignorez combien vous faites ainsi de tort à tous ceux qui vivent aux champs, à vos parents, à vous-mêmes.

Ces petits oiseaux que vous enfermez dans des cages, où, privés des soins de leur mère, ils meurent au bout de quelques jours, sauveraient le cultivateur, s'ils étaient libres, de bien des maux.

Ils sont créés, mes amis, pour détruire les insectes nuisibles, pour protéger les récoltes en faisant une guerre acharnée aux chenilles qui les dévorent. On a fait sur ce sujet de curieuses expériences; une nichée de mésanges a consommé en vingt et un jours quinze mille chenilles; on a retiré, en une année, de la retraite d'un couple de chats-huants quinze litres et demi d'os de rats, de souris, de taupes, etc.

Sans les oiseaux, que deviendraient les récoltes, exposées sans défense à ces myriades d'ennemis qui se jettent sur elles au printemps? Parmi les oiseaux, quelques-uns sont nuisibles pourtant : les moineaux et les pies, par exemple; ils font leur nid dans les crevasses inaccessibles des vieux murs, au sommet des grands arbres; ennemis de l'homme, ils cherchent à se mettre à l'abri de sa main : guerre à ceux-là !

Mais ces mésanges charmantes, ces jolis fauvettes, ces mélodieux rossignols, qui bâtissent, avec une confiance touchante, leurs nids dans les buissons, à la portée de notre regard, de notre bras, et qui semblent nous dire : « Ne me faites pas de mal, je combats vos ennemis, » « laissons-les vivre en paix, ces bons petits oiseaux; ils sont la sauve-garde du cultivateur. »

Quand, après de longues heures de travail, vous vous reposerez à l'ombre des vieux chênes, ils vous remercieront d'avoir épargné leur utile existence, et leurs chansons joyeuses réjouiront doucement votre cœur.

QUATRIÈME PARTIE

—

DES INSECTES UTILES

XIVme LEÇON

Des Abeilles.

L'abeille est un insecte précieux dont la culture intelligente peut devenir pour celui qui lui accordera un peu de son temps, une véritable source d'agréments et de richesses.

Sans exiger de nous beaucoup de peines et de dépenses, les abeilles nous amassent, sans notre participation directe, et nous cèdent sans difficulté, deux matières utiles et précieuses, le miel et la cire, que la nature produit d'elle même en abondance, et qui seraient infailliblement perdues pour l'homme, sans ces utiles créatures.

Si l'on pouvait calculer la perte annuelle causée par la négligence de la culture des abeilles en France, on arriverait à un chiffre énorme. Eh bien ! chaque cultivateur ou propriétaire d'un petit jardin seulement, pourrait s'approprier une partie proportionnelle de cette somme perdue. Je ne veux point exagérer, mais j'affirme que toute bonne ruche, peut, année moyenne, donner un produit net de quinze francs, soit sur vingt ruches 300 fr. J'admets même qu'on ait acheté les vingt ruches 20 fr. chacune, soit 400 fr. Ne serait-ce pas déjà beau ? Mais il n'est pas besoin de commencer avec vingt ruches. Commencez avec deux, vous en aurez vingt au bout de quatre ans, si toutefois votre culture se fait avec art et conformément à la nature des abeilles. Une culture intelligente est indispensable pour obtenir ces résultats, car tant de ruchers vides et délaissés prouvent évidemment que sans elle ces avantages ne sont pas à espérer. En général, celui qui n'a ni goût ni amour pour les abeilles, ne s'en occupera guère avec succès ; mais quand on suit une méthode rationnelle, consacrée par l'expérience, le goût et l'amour viendront remplacer l'indifférence.

Admettons-même qu'un petit rucher ne rapporte que 20 0/0. Eh bien! cet intérêt, le cultivateur le plus actif et le plus intelligent ne le trouve pas dans l'exploitation de ses terres, ni l'ouvrier dans son travail, tandis que l'apiculteur habile l'obtient, à peu de frais, car je n'estime qu'à 2 0/0 la dépense de son temps et de son travail. Ne serait-ce pas une belle spéculation que celle qui apporterait un pareil revenu dans un ménage?

Le travail de l'apiculteur, n'est du reste, qu'une récréation et n'empêche l'exercice d'aucune autre profession.

Ce n'est pas tout : les abeilles dont nous venons de démontrer l'utilité particulière pour ceux qui s'en occupent, sont encore d'une utilité générale pour tous les hommes. Ne favorisent-elles pas nos produits agricoles et surtout la fructification de nos arbres fruitiers, en fouillant les fleurs et en contribuant ainsi à leur épanouissement? Quel serait donc après cela le propriétaire d'un jardin qui ne voudrait s'occuper avec amour de la culture des abeilles !

XVme LEÇON

De la disette et de la nourriture des Abeilles.

(Suite.)

Si le propriétaire d'abeilles n'est point avare, si ses ruches sont bien soignées, bien peuplées, il n'y aura jamais de disette. Mais des cas de famine peuvent survenir. Après de mauvaises années, lorsque la récolte n'a pas été abondante, que l'hiver a été long et le printemps tardif, ou lorsque après quelques jours de médiocre récolte au printemps, le froid vient, que le vent du nord, la pluie, le mauvais temps, empêche les abeilles de chercher leur nourriture dans les champs, que les provisions de l'hiver sont épuisées, il ne reste pour sauver la ruche que de lui donner la nourriture dont elle a besoin. Celle qui lui convient le mieux, c'est le miel pur et liquide. On verse dans un vase de bois de tilleul, de 12 à 15 centimètres de long, sur 8 à 10 de large et 4 à 5 de profondeur. On le remplit de miel qu'on chauffe légèrement et jusqu'à le rendre bien liquide. On le recouvre ensuite d'une planchette très-mince, remplie de trous, d'une grandeur égale à celle de l'auge et pouvant facilement s'abaisser jusqu'au fond. Cette précaution est nécessaire pour que les abeilles ne se noient pas en cherchant le miel pour le transporter dans leurs cellules : elles plongeront sans danger leurs trompes à travers les trous qui ne seront pas plus gros que des lentilles. A défaut de cet auge, on prendra une assiette, une soucoupe, ou une tasse à café, qu'on recouvrira de la même façon d'un morceau de papier fort, également troué, ou de brins de paille. A la nuit tombante, on place le vase avec le miel, dans le fond à l'intérieur de la ruche qu'on soulèvera et qu'on maintiendra soulevée au moyen de quelques morceaux de bois triangulaires, lorsque les rayons descendant trop bas, ne laissent point de place au vase. Le lendemain, à la pointe du jour, on retirera le vase vide.

On ne passera jamais de la nourriture pendant le jour, et on aura également soin, pour éviter toute occasion de pillage, de ne répandre nulle part aucune goutte de miel.

Si les ruches sont pourvues d'un trou de bondon, on pourra aussi mettre le miel dans un verre, le couvrir d'un bout de toile et le renverser ainsi sur le trou de bondon. On recouvrira le tout d'une ruche ou d'une corbeille vide et les abeilles suceront le miel peu à peu à travers la toile.

Avec la ruche à cadres mobiles, c'est plus facile, on retire un cadre vide pour le remplacer par un cadre rempli.

Au printemps, on passe aussi aux bonnes ruches tous les deux ou trois soirs une cuillerée de miel, cela favorise beaucoup le couvain et donne de l'activité aux abeilles. Les essaims en seront plus précoces et plus nombreux.

On donne la nourriture de préférence le soir d'un beau jour, pendant lequel le vol des abeilles a été animé ; mais on évitera de leur en donner, lorsque le temps sera menaçant pour le lendemain, parce que les abeilles, après avoir été nourries, sortent en masses, et si le temps est mauvais, beaucoup périssent.

Au printemps, on pourra mêler au miel un peu d'eau qu'on aura fait bouillir avec un peu d'anis.

Si dès le mois d'octobre on prévoit qu'une ruche n'a pas de provisions suffisantes pour vivre jusqu'au mois de mars, on fera bien de lui donner tout de suite ce qu'on pensera lui être nécessaire.

Une ruche qui, en octobre n'a que la moitié et plus encore de son poids, ne vaut pas la peine d'être conservée; on y gagnera en la vidant pour en faire la récolte et en réunissant la population à une autre.

XVIme LEÇON

Des Abeilles, de leurs maladies.

(Fin.)

La peste de couvain est une maladie dangereuse et peut-être incurable, mais qui ne se montre que très-rarement. Une ruche qui en est attaquée est perdue; elle peut languir encore deux ans, mais le couvain pourrit dans les cellules fermées. Les larves, au lieu de se changer en abeilles parfaites, meurent dans les cellules, pourrissent, se transforment en une matière liquide et fétide, dont les abeilles ne peuvent se débarrasser. Le miel de ces ruches est contagieux, et si l'on en donne à d'autres ruches la peste se communique infailliblement.

On ne connaît jusqu'à présent aucun remède efficace à cette maladie; il ne reste plus qu'à transporter la population dans une autre ruche, à lui donner quelques gâteaux pleins d'une bonne ruche saine et du miel pur auquel on mêlera un peu d'extrait de mélisse.

On prétend que cette maladie provient d'un refroidissement soudain du couvain, et de mauvais miel étranger, contagieux ou empoisonné.

De la dyssenterie. — C'est une maladie également dangereuse qui provient tantôt du manque de nourriture ou d'une nourriture malsaine, ou enfin de ce que les abeilles sont restées trop longtemps renfermées, qu'elles n'ont pu sortir et se décharger de leurs excréments.

Les abeilles laissent tomber une ordure rouge et puante, mais qu'il ne faut pas confondre avec celle qu'elles laissent tomber à leur première sortie du printemps. Dans la dyssenterie, elles en salissent l'intérieur des ruches et les gâteaux. Cette maladie qui, du reste, n'est pas contagieuse, affaiblit extrêmement les abeilles et bon nombre en meurent.

Il faut enlever tous les gâteaux salis et donner aux abeilles du miel mêlé avec un peu de bon vin vieux ou d'eau-de-vie de blé dans laquelle on aura râpé un peu de noix de muscade.

On regarde encore comme une maladie les toupets, qu'on remarque souvent sur la tête de quelques abeilles; elles ne paraissent pas en être incommodées, pas plus que des poux, qu'on voit quelquefois sur leurs têtes; il serait inutile de s'y arrêter.

Du renouvellement des édifices. — Tous ceux qui se sont occupés des abeilles, ont pu remarquer qu'elles perdent de leur activité et de leur énergie à mesure que leurs édifices vieillissent, se noircissent, s'épaississent et se remplissent de miel grainé et de vieux pollen. Il est donc important qu'un édifice n'ait pas plus de quatre ans. Ne le conservez pas plus longtemps, et quelque bonne que soit sa récolte en octobre, après sa quatrième année, réunissez sa population à une autre.

Avec les ruches à cadres mobiles on peut renouveler les édifices à volonté.

XVIIme LEÇON

Le Ver-à-soie.

Le ver-à-soie ou chenille du Bombyx du mûrier est cet insecte qui produit la soie. Il est originaire de la Chine. En 555, deux moines en portèrent des œufs à Constantinople, d'où ils se propagèrent en Grèce, en Italie et puis en France.

En Chine et dans l'Inde, on élève les vers-à-soie sur des mûriers en plein air; mais en Europe on les renferme dans des chambres qui portent le nom de magnaneries (du mot provençal magnans, par lequel on désigne les vers-à-soie dans le Midi.)

Au printemps, lorsque les premières feuilles du mûrier destinées à la nourriture du ver-à-soie commencent à pousser, on dispose les œufs ou graines dans des boîtes que l'on maintient à une douce chaleur; au bout de quelques jours, le ver qui s'est formé dans l'œuf ronge la coquille et sort. C'est alors une petite chenille noire de deux millimètres de longueur. Il faut environ 1,700 vers naissants pour peser un gramme. Le ver reste à l'état de chenille de 30 à 35 jours et grossit sans cesse jusqu'à ce qu'il soit long de 8 à 10 centimètres. Ce développement rapide nécessite une nourriture abondante, aussi renouvelle-t-on les feuilles de mûrier jusqu'à douze fois en vingt-quatre heures. C'est surtout à l'époque des mues que l'appétit des vers paraît insatiable ; on dit alors qu'ils ont la fringale.

Les vers subissent généralement quatre mues. On entend par mue une sorte de crise à la suite de laquelle le ver change de peau. Chacune de ces crises dure environ vingt-quatre heures ; lorsqu'elle approche le ver perd sa vivacité et son appétit : il devient immobile et dort. La crise passée, il reprend son activité, se débarrasse de son ancienne enveloppe et retourne avidement aux feuilles.

Les changements de peau sont souvent funestes aux vers-à-soie et en font périr un grand nombre.

L'élève des vers demande les plus grands soins. Il est important de les préserver du froid et de l'humidité, de les protéger contre les fourmis et les rats, de nettoyer et d'aérer la magnanerie. Cependant, malgré toutes ces précautions, un violent orage suffit quelquefois pour occasionner de grands ravages parmi les vers, surtout après la quatrième crise.

Lorsque le ver-à-soie a éprouvé son quatrième changement de peau, sa couleur est d'un blanc légèrement grisâtre. C'est surtout à cette époque que s'élabore en lui le suc destiné à fournir la soie. Alors son avidité redouble, les feuilles de mûrier disparaissent rapidement sous le travail accéléré de ses petites mâchoires. Le bruit qui en résulte, lorsque plusieurs milliers de vers sont réunis, ressemble à celui d'une forte pluie battante mêlée de grêle.

Lorsque le ver est prêt à faire sa coque ou cocon, son corps devient luisant et transparent, son appétit s'arrête ; désormais il ne mangera plus. On lui prépare alors de petites branches de genêt ou de bruyère sur lesquelles il monte et choisit sa place. Il pose en quelques points des fils d'une soie grossière, appelée bourre, et qui sont comme la charpente d'une demeure qu'il se construit ; puis se plaçant au centre, il continue à disposer régulièment le fil fin et gommeux qui lui sort de la bouche, de manière à former une coque ovale de 20 à 25 millimètres de longueur. Ce cocon est fait d'un seul fil, rarement interrompu et quelquefois de 1,250 mètres.

Durant les deux premiers jours, ont peut apercevoir l'animal à travers le tissu : il devient ensuite invisible derrière les couches serrées du fil dont il tapisse incessamment sa petite cellule.

Au bout de sept à huit jours, le cocon est terminé. Le ver subit une métamorphose; il devient chrysalide. C'est la transition de l'état de ver à celui de papillon. La chrysalide reste immobile dans le cocon et ressemble à une fève grisâtre. Vingt jours après environ, la peau de la chrysalide se brise; le papillon en sort; mais il se trouve encore prisonnier dans le cocon. Pour le percer, il ramollit la soie avec une espèce de salive dont il est pourvu, puis en écarte les brins et se fait un passage. Ce papillon a les ailes blanches, très-courtes, impropres au vol, et présente une forme peu gracieuse. Il n'est utile qu'à fournir les œufs destinés à éclore l'année suivante.

Dans les manufactures, on ne donne point le temps aux papillons de percer leur enveloppe, parce que les cocons n'auraient alors aucune valeur, le fil de soie qui les ferme, se trouvant coupé et ne pouvant plus être propre au filage. On prévient le percement en étouffant les chrysalides avec la vapeur d'eau. On n'excepte que celles qui sont nécessaires pour la récolte des œufs. On extrait ensuite le fil de soie, on procède à son tirage et on livre la soie au commerce après avoir encore subi quelques opérations.

CINQUIÈME PARTIE

XVIIIme LEÇON

Manière de traiter les Animaux.*)

Mes amis, les animaux ont évidemment été créés pour l'homme, qui, privé de leurs secours, ne pourrait vivre. Aussi, le premier précepte que l'homme ait reçu de Dieu, dans la Genèse, c'est de présider au sort des animaux. Nous voyons, en effet, que, dans les temps les plus reculés, l'homme a réuni autour de lui certaines espèces

---

*) Extrait d'un Rapport de M. Bourguin.

animales. On les appelle animaux domestiques, mot qui signifie qu'ils font partie de la maison, de la famille.

La science nous montre que les bons traitements ont été les moyens dont les anciens peuples se sont servis pour se rallier les animaux; le bon sens nous dit que c'est encore le meilleur moyen de les conserver et de les multiplier.

La force brutale détériore et détruit; la force intelligente perfectionne et conserve.

D'ailleurs, la justice nous fait un devoir d'user de bienveillance envers les animaux domestiques. Quand nous les privons de leur liberté et que, les forçant à vivre dans nos demeures, nous en faisons des serviteurs et des tributaires, nous contractons l'obligation de leur assurer, en retour des services qu'ils nous rendent, une habitation saine et bien aérée, puisque l'air et la lumière leur sont aussi nécessaires qu'à nous-mêmes; de ne leur imposer que des travaux en rapport avec leurs forces et leurs aptitudes; de leur fournir une nourriture suffisamment réparatrice; enfin, de les traiter avec bonté et de les soulager dans leurs souffrances.

Là où ces devoirs sont remplis, l'animal domestique devient docile, robuste et intelligent; il rend de bons et durables services; les produits qu'il donne par sa toison, par son lait, par sa chair sont abondants et de qualité supérieure, ses petits sont nombreux et bien conformés.

Si, au contraire, l'animal est surchargé de travail, s'il est mené par un maître brutal, mal nourri et logé dans une étable infecte, il souffre et dépérit; il devient stupide et rétif, ses produits diminuent de qualité et de quantité; enfin, il donne naissance à des petits chétifs et disposés à toutes sortes de maladies. La mortalité se met, un jour, dans l'étable ou dans la bergerie; et avec la mortalité, la misère entre dans la demeure du maître inhumain.

Nous avons donc tous un intérêt matériel très-direct à ce que les animaux domestiques soient bien traités, puisqu'ils constituent une des branches principales de la richesse publique, mais notre intérêt moral y est encore plus intéressé.

Tout se lie, tout s'enchaîne, dans la vie des nations, comme dans la vie de l'individu. L'homme qui, du matin au soir, brutalise ses animaux domestiques, ne brutalisera-t-il pas sa femme et ses enfants? Insensible aux souffrances des êtres inférieurs qu'il maltraite sans raison, sans cesse livré aux emportements de la colère, apportera-t-il dans ses rapports avec ses semblables, les sentiments de justice et de bienveillance qui font le bon père de famille, le bon citoyen? Regardons autour de nous et il nous sera facile de répondre. Les abus de la force dont les animaux sont victimes ont pour auteur ce qu'il y a de plus dégradé dans la société, de plus abruti par l'ivresse et la grossièreté.

Au point de vue de l'éducation, les devoirs à remplir envers les animaux sont d'une assez grande importance. L'enfant des campagnes est élevé au milieu des animaux domestiques, sur lesquels il exerce une certaine domination. C'est sur eux qu'il fait les essais de sa force. Si ses premières manifestations se traduisent en actes de cruautés irréfléchies, on doit l'éclairer sur le mal qu'il a fait. Autrement, ce qui n'était d'abord qu'une étourderie deviendrait une méchanceté. Et il est à craindre qu'après avoir passé son jeune âge à tourmenter les animaux, il ne passe le reste de sa vie à tyranniser ceux de ses semblables qui seront placés sous ses ordres. Ses sentiments seront restés les mêmes; il n'aura fait que changer de victimes.

Au contraire, l'enfant qu'on aura habitué à traiter les animaux avec bienveillance deviendra bon et juste avec ses égaux. Il ne porte pas deux cœurs dans sa poitrine, l'un qui puisse être bon pour les hommes, l'autre cruel pour les animaux.

Nous ne craignons donc pas et vous ne devez pas craindre de dire aux parents ; si vous voulez qu'en grandissant votre enfant soit aimable, affectueux, humain, faites en sorte qu'il soit bon, compatissant et sympathique pour les animaux. La douceur de caractère porte à la vertu, la brutalité ne conduit qu'au vice.

XIXme LEÇON

Manière de traiter les Animaux.

(Fin.)

Ce n'est pas à vous, j'aime à le penser, mes jeunes amis, qu'il peut être nécessaire de tant recommander de n'être point cruels envers les animaux. Il est contraire à la nature humaine de se plaire à les tourmenter et à les faire souffrir, comme il est d'une bonne éducation et d'un cœur élevé de se montrer compatissant et tendre à leur égard. Ces dispositions bienveillantes, ces bons procédés sont les marques sensibles d'une âme bien née et font le plus grand charme de votre âge.

Je suis donc convaincu qu'aucun de vous ne peut trouver du plaisir à voir souffrir ou mourir un animal, même un pauvre insecte, une pauvre petite mouche; à plus forte raison ne voudriez vous pas vous-mêmes causer, sans nécessité, la douleur ou la mort d'aucun être vivant. Cependant je ne vois pas inutile, de vous entretenir à ce sujet, ne fût-ce que pour vous engager à vous opposer dans l'occasion, à la cruauté d'autrui; soit par la prière, et pour vous suggérer de bonnes raisons à faire valoir en pareil cas.

Sans doute, il est nécessaire quelquefois de tuer les animaux, soit pour notre nourriture, soit pour nous préserver de leurs offenses. C'est une loi.... j'allais dire une triste loi, et je me reprends, parce qu'il n'est pas permis de qualifier en mal aucune des lois établies par Dieu, dont notre faible intelligence et notre raison bornée ne sauraient pénétrer les desseins.... C'est une loi dans toute la nature que la vie soit entretenue par la mort, que la production naisse de la destruction, que certains êtres servent à l'alimentation de certains autres, que ceux-ci vivent de ceux-là; le lion dévore la gazelle, le renard dévore la poule et le lapin, nous dévorons le bœuf, le mouton et beaucoup d'autres chairs. Nous nous débarrassons aussi par la mort d'une foule d'animaux qui sont pour nous dangereux, nuisibles ou seulement incommodes. Ce sont des nécessités auxquelles notre existence est soumise; mais il n'est jamais nécessaire de faire souffrir, et il n'est jamais bien de faire *mourir* sans motif et sans utilité les créatures de Dieu. Il m'est impossible de ne pas penser que ceux qui peuvent le faire avec plaisir ou seulement avec indifférence, soient peu éloignés de voir avec indifférence aussi les souffrances de leurs semblables.

Qu'ils soient donc l'objet d'une juste improbation, pour ne rien dire de plus. Dieu prend soin de tous les êtres qu'il a créés; c'est impiété à nous de ne pas respecter ce que sa providence daigne soutenir. Il faut surtout se garantir du préjugé qui porte beaucoup de gens à voir un être malfaisant dans tout ce qui vit. Les animaux ont tous le même droit que nous à l'existence, puisqu'ils ont reçu la vie de Dieu, cependant on tue sans pitié un oiseau, un orvet, une couleuvre, comme si ces animaux étaient nuisibles, tandis qu'ils sont utiles.

Mes amis, dans nos rapports avec les animaux, soyons pour eux toujours *pitoyables* et sympathiques, respectons et aimons toutes les créatures de Dieu, et pensons que cette pitié et cette sympathie pour la création sont un rameau de l'arbre saint et fécond de la charité.

XXme LEÇON

Soins à donner aux Animaux domestiques.

Les animaux qu'on appelle domestiques parce qu'ils nous servent, nous obéissent, parce qu'ils traînent nos chariots, nos voitures, nos charrues, portent nos fardeaux, nous donnent du lait, du beurre, du fromage, des œufs, surveillent nos troupeaux, nous alimentent de leur chair et nous fournissent d'abondants engrais, doivent être de notre part, mes chers amis, l'objet de beaucoup de soins et même de certains égards. Ce sont des serviteurs dociles ; il faut les bien traiter. Croyez-le bien, d'ailleurs, tous ces animaux savent reconnaître plus que vous ne l'imaginez la main qui les nourrit et qui a soin d'eux ; à vous seuls, qui êtes leurs maîtres, ils obéissent ; ils résisteront aux ordres d'un étranger. Si vous les maltraitez, au contraire, il se souviendront toujours des mauvais traitements que vous leur aurez infligés, et si l'occasion se présente pour eux de s'en venger ils le feront cruellement. Du reste, les lois protectrices des animaux domestiques punissent avec rigueur ceux qui les brutalisent. Il est évidemment, d'ailleurs, de l'intérêt du propriétaire de ne point accabler de travail ou de coups ses bêtes de trait ou de labour ; car les chevaux, les bœufs, attelés à des chariots trop lourds pour leurs forces, meurent fréquemment des efforts inouïs qu'ils ont fait pour céder au fouet et au bâton ; il vaut mieux diminuer la charge, faire deux voyages au lieu d'un, que de payer chèrement sa cruauté.

Tous les animaux ont besoin d'une nourriture abondante, convenable et donnée à des heures réglées. Mieux on les nourrit, plus ils ont de force et de vigueur pour travailler; plus aussi ils fournissent de fumier. Dans l'intérêt de leur santé et pour provoquer leur appétit, il faudra varier leur nourriture le plus qu'il sera possible.

Vous ne donnerez pas brusquement du fourrage vert en remplacement du fourrage sec, ni du fourrage sec après du vert, sans mêler d'abord une demi-ration ou un quart de ration de vert au sec ou de sec au vert. Servez également le foin mélangé avec de la paille: l'expérience a reconnu qu'il y avait de grands avantages à agir ainsi.

En hiver, afin de rafraîchir vos bestiaux, donnez-leur des racines fourragères. Les carottes à collet vert et les autres variétés, coupées en morceaux, conviennent surtout aux chevaux; les bœufs, les chèvres les aiment, ainsi que les betteraves. Cette alimentation donne aux vaches laitières un lait plus abondant et de meilleure qualité.

Ne laissez pas brouter par vos bestiaux, ne leur servez pas d'herbe mouillée; évitez de les faire sortir par un temps humide.

Que nos foins avariés, c'est-à-dire gâtés en tout ou en partie, soient employés en litière, et non comme nourriture.

Quand une rivière, un étang, une mare sont à proximité de la ferme, il faut y conduire vos chevaux matin et soir: si c'est en hiver, évitez qu'ils entrent dans l'eau; s'ils y entrent malgré votre surveillance, ayez soin de les bouchonner et de faire tomber l'eau dès qu'ils sont rentrés dans l'écurie.

Pansez tous vos bestiaux, c'est-à-dire servez-vous tour à tour de l'étrille, du bouchon de paille, de l'eau afin de nettoyer leurs corps.

Battez, de temps à autre, les colliers, afin qu'ils soient bien bourrés, bien arrondis, surtout dans les endroits où portent les traits. Faute de ce soin, il arrive souvent des blessures qui se guérissent d'autant plus difficilement que l'animal continue à travailler. L'eau vinaigrée, ou mêlée à un peu d'eau-de-vie, convient pour les faire sécher.

L'écurie et l'étable seront assez grandes pour que les chevaux et les bœufs y soient à l'aise, que les colliers, jougs, harnais, brosses, étrilles, coffre à l'avoine, râteliers y trouvent commodément place, enfin pour que les hommes de service qui y couchent aient de l'air en quantité suffisante. On a calculé que pour un cheval ou un bœuf, il faut que l'écurie ou l'étable ait 4^{m}50 de largeur dont 3 mètres pour l'animal, 1 mètre pour le passage et 0^{m}50 pour le râtelier, les harnais, etc. Elles seront pavées et traversées par une rigole pour l'écoulement des urines. On pratiquera dans les murailles des ouvertures en face les unes des autres avec des volets pleins. L'air, par ce moyen, circulera librement, et, dans les grandes chaleurs quand les bestiaux seront tourmentés par les mouches, il suffira de fermer un quart d'heure les volets, puis d'en entr'ouvrir un, afin de laisser passer un mince filet de lumière, pour que tous les insectes nuisibles, fuyant l'obscurité, se précipitent à l'extérieur.

La bergerie sera également vaste et aérée; 80 centimètres carrés sont nécessaires pour chaque mouton. Ceux qu'on engraisse et les brebis-mères seront séparés des autres par une cloison.

Le poulailler se construira, autant que possible, loin des chambres habitées; car il s'y multiplie un grand nombre d'insectes incommodes à l'homme; il se fermera avec soin, la nuit surtout, pour que les animaux destructeurs des volailles n'y puissent pas pénétrer.

Lavez vos moutons quelques jours avant la tonte; préservez-les de tout excès de chaleur et d'humidité.

Que la litière soit abondante et souvent changée dans les écuries, dans les étables, dans les bergeries, dans le poulailler, dans la porcherie, que l'air en soit renouvelé plusieurs fois par jour.

En prenant ces précautions qui ne coûtent qu'un peu de temps et de bon vouloir, en se procurant des animaux bien conformés, vous aurez rarement à redouter ces maladies graves et fréquentes qui désolent les cultivateurs et quelquefois les ruinent. En général, je le répète, les épizooties et les autres accidents qui occasionnent la mort ou la mise hors de service des bestiaux, proviennent de l'insuffisance de la nourriture, de sa mauvaise qualité, d'écuries malsaines ou trop étroites, du défaut de soins, du travail excessif et des mauvais traitements.

XXIme LEÇON

Soins à donner aux Animaux domestiques.

(Fin.)

Les maux d'yeux se guérissent en lavant ces organes

avec l'eau froide, après avoir enlevé les corps étrangers qui s'y sont introduits.

La *clavelée*, qui attaque les moutons, se combat en leur faisant boire des infusions de centaurée ou du vin chaud. Il faut isoler des autres ceux qui en sont attaqués, car cette maladie est contagieuse.

Il en est de même du *charbon* et de la *morve* qui attaquent les bœufs et les chevaux.

Le *charbon* est la maladie la plus dangereuse qui sévit sur le gros bétail. Elle s'annonce par la tristesse, l'abattement, le dégoût. Mais le symptôme le plus caractéristique, c'est l'apparition à la peau de tumeurs qui, du volume d'une noix, acquièrent en quelques heures, un développement considérable.

L'incision de ces tumeurs et la cautérisation par le fer rouge doivent être pratiquées immédiatement.

Il faut éviter de s'approcher des animaux malades, surtout quand on a des écorchures ou des crevasses aux mains, car on pourrait s'inoculer le mal.

Les animaux morts de maladies contagieuses et surtout du *charbon* doivent être enterrés sans délai et profondément, si l'on ne veut pas exposer d'autres animaux et l'homme lui-même à être atteint, et à périr de cette maladie, qui peut parfois se développer à la piqûre d'une mouche qui se serait posée sur le cadavre.

Les chevaux, les vaches et les moutons, après avoir mangé du trèfle, sont souvent exposés à une enflure ou gonflement des flancs. Il faut se hâter d'arrêter le mal. Quelquefois une promenade suffit; mais il est toujours utile d'administrer au malade une cuillerée d'eau de javelle ou d'alcali volatil (ammoniaque liquide), dans un litre d'eau. Un cultivateur prévoyant aura toujours chez lui un flacon de ces substances. On commence plusieurs fois de suite, en ne donnant la dose que de dix en dix minutes.

Trente grammes de salpêtre ou quinze de pétrole délayés dans un verre d'eau produisent le même résultat. Il est bon aussi de frotter fortement tout le corps de l'animal.

Quand les maladies sont graves, ayez recours à des vétérinaires, exerçant en vertu de titres délivrés après des études sérieuses; ne consultez pas les charlatans, qui malheureusement abusent encore si souvent de la confiance peu éclairée de certains cultivateurs.

Il est une chose que vous pouvez faire, comme font

beaucoup d'autres qui ont des animaux domestiques à soigner. Ils s'abonnent avec un vétérinaire qui, pour une somme modique, d'autant moindre qu'il y a plus d'abonnés dans la commune, visite fréquemment leurs bestiaux afin d'examiner l'état de leur santé, et les traite quand ils sont malades. Faites comme eux et vous préviendrez bien des accidents.

XXIIme LEÇON

De la Rage chez les Animaux.

La rage fait tous les étés de bien terribles ravages dans les campagnes. Mais il en est de ce mal comme de tous les autres : on peut le prévenir ou du moins en détourner les fâcheux effets par de sages précautions.

Et d'abord il est essentiel d'en bien connaître les caractères distinctifs. Malheureusement la rage ne se révèle pas à ses débuts d'une manière certaine. L'horreur de l'eau n'est pas constante ; le dégoût des aliments ne se rencontre pas toujours. L'envie de mordre ne se trahit pas dans les commencements de la maladie, c'est plus tard, c'est-à-dire quand il est trop tard pour empêcher des accidents. Sans doute, l'animal atteint de la rage a un aspect tout particulier. Le son de sa voix change, sa bouche est béante, son œil hagard, sa queue abaissée, sa tête près de terre ; mais il faut un coup d'œil bien exercé pour apercevoir immédiatement ces signes. La rage ne se développe spontanément que chez les animaux, comme le chien, le chat, le loup, le renard, etc., qui le communiquent avec une grande facilité aux autres animaux. C'est par la salive que la rage est transmise, et c'est par des morsures qu'elle s'inocule le plus souvent. Quand la peau a été entamée par quelque blessure, même légère, la rage se communique sans morsure. Des chiens l'ont donnée à leurs maîtres simplement en leur léchant les mains. Quant aux moyens curatifs, pas de demi-mesures. Après la morsure d'un animal enragé, n'hésitez pas à extirper la partie mordue, soit en amputant en totalité l'organe, soit en enlevant seulement la plaie, les chairs mordues. Quand cette opération n'est pas possible, cautérisez la plaie avec un fer fortement chauffé, rouge blanc, ou bien avec un liquide corrosif, comme l'acide nitrique, l'ammoniaque. Ce qui est important, c'est de ne pas apporter de retard à l'opération. Les minutes comptent. Il faut aller jusqu'au fond de la plaie avec le fer chaud. Avant de la cautériser, il faut la laver, la faire saigner, la presser ; si on ne peut cautériser promptement la blessure, il faut serrer, aussi fortement que possible, le membre blessé, afin de ralentir la circulation et de retarder l'absorption de la salive empoisonnée.

C'est ainsi que le plus sûr moyen de guérison est de ne pas craindre la souffrance. Elle seule offre un moyen curatif et prompt. Dans combien d'autre cas, au physique et au moral, n'est-elle pas salutaire à l'homme. Ne craignons-donc pas de souffrir pour guérir ; craignons de nous endormir sur un mal caché, qui, comme la rage, éclate tout-à-coup et nous frappe à mort. Apprendre à souffrir, c'est bien souvent pour l'âme comme pour le corps, apprendre à guérir.

Mulhouse — Imp. G. Brunschwig.

TABLE DES MATIÈRES

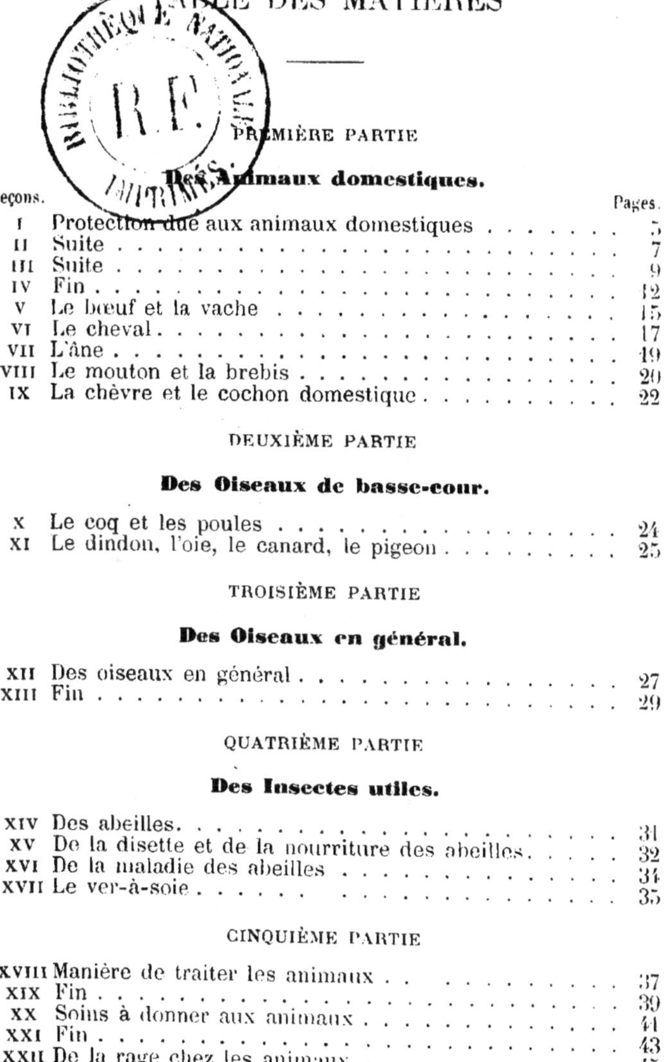

Se trouve :

A L'IMPRIMERIE G. BRUNSCHWIG

rue de la Loi, 7, à Mulhouse

et chez l'AUTEUR, à Durmenach (Haut-Rhin).

———

MÉTHODE

pour enseigner

L'AGRICULTURE

dans les écoles primaires rurales

à l'usage

DES INSTITUTEURS

et de tous ceux qui prennent à cœur l'Enseignement

PAR

JACQUES WEILL

INSTITUTEUR.